Armin Täubner

Osterreigen

Bandornamente aus Tonpapier

frechverlag

Von dem bekannten Autor Armin Täubner sind im frechverlag zahlreiche andere Titel erschienen. Hier eine Auswahl:

TOPP 2293

TOPP 2297

TOPP 2295

TOPP 2031

TOPP 2029

TOPP 2027

Fotos: frechverlag GmbH + Co. Druck KG, 70499 Stuttgart; Fotostudio Täubner

Auflage: 5. 4. 3. 2. 1. | Letzte Zahlen
Jahr: 2002 2001 2000 1999 98 | maßgebend

frechverlag GmbH + Co. Druck KG, 70499 Stuttgart

ISBN 3-7724-2296-9 · Best.-Nr. 2296

Druck: frechverlag GmbH + Co. Druck KG, 70499 Stuttgart

**Pfote an Pfote,
Schnabel an Schnabel und
Schwänzchen an Schwänzchen
hoppeln, tanzen, schwimmen und
spazieren die Hasen, Enten und Gänse
in diesem Buch am Fenster entlang oder
über den Tisch. Es erblühen Narzissen und
Krokusse in einer unendlich scheinenden
Reihe an der Scheibe. Mit einem Wort: Der
Frühling hält mit Armin Täubners Bandornamenten Einzug. Mit den filigranen Bändern
aus Tonpapier können Sie nicht nur Ihre Fenster schmücken und den Tisch festlich oder
einfach nur fröhlich dekorieren, sondern auch
mit separat gearbeiteten Motiven Grußkarten
verzieren. Die Technik ist einfach und schnell
zu erlernen. Da dieses Buch Motive von
unterschiedlichem Schwierigkeitsgrad
enthält, werden sowohl Anfänger als
auch Könner ihren Spaß „am
laufenden Band" haben.**

Bandornamente

1. Übertragen Sie sämtliche Teile des ausgewählten Motivs mit Bleistift und Lineal nebeneinander auf Transparentpapier. Das Transparentpapier wird auf einen dünnen Karton geklebt.

2. Schneiden Sie die Motivteile exakt mit dem Cutter aus; achten Sie dabei auf eine geeignete Schneideunterlage. Jetzt haben Sie Ihre Schablonen. In der Regel benötigen Sie eine Schablone des Bandornaments sowie eine oder mehrere Schablonen von den später aufgeklebten Zierteilen.

3. Die Schablone des Bandornaments wird bündig an die rechte Außenkante und die Unterkante des Tonpapierstreifens der gewünschten Farbe gelegt. Nun ziehen Sie die Kontur mit Bleistift nach. Bei den Zierteilen legen Sie die Schablone(n) so auf den/die Tonpapierstreifen, daß rings um die Schablone noch etwas Platz ist.

4. Beginnen Sie mit dem Falten des Bandornaments an der linken Außenkante des Motivs. Der Papierstreifen wird ziehharmonikaartig aufgefaltet. Richten Sie sich beim Falten stets zuerst an der Unterseite aus, d. h. nach allen Faltungen sollten die Unterkanten noch genau übereinander liegen.
Die Papierstreifen mit den Zierteilen werden ebenfalls im Zickzack gefaltet. Hier kommt es jedoch nicht auf exaktes Falten an.

5. Damit beim Ausschneiden nichts verrutscht, klammern Sie den gefalteten Papierstreifen mehrfach außerhalb des Motivs zusammen.
Je weniger das Ornament gefaltet ist, desto einfacher ist das Ausschneiden. Beginnen Sie also am besten mit wenigen Faltungen. Zum Ausschneiden wird überwiegend der Cutter verwendet; er bietet sich für feine Schnitte im Inneren der Figur besser an als eine Schere.

6. Abschließend entfalten Sie das Bandornament und bekleben es mit den bunten Zierteilen.

Weitere allgemeine Hinweise:

Für die Augen gibt es zwei Möglichkeiten: Entweder Sie malen sie mit einem schwarzen Filzstift auf, oder Sie stanzen die Augen mit Hilfe einer Lochzange bereits auf der Schablone aus. Zusammen mit dem Motiv werden die Augen auf das Tonpapier übertragen und aus dem zusammengefalteten Bandornament erneut ausgestanzt.
Bei Bändern, die Sie zweifarbig arbeiten wollen (z. B. Seite 21, „Blau-weiße Tulpen" und Seite 24, „Frisch geschlüpft"), kleben Sie einfach die etwas größeren Motivteile (gestrichelte Linie) zusätzlich auf das Band.

Blau-weiße Enten

Hasen am Gartenzaun

Blumengrüße

Gänsereigen

Osterdekoration mit Hahn und Huhn

Rot-weißes Federvieh

Narzissen

Krokusse

Kükentreff

Nest an Nest

Tanz in den Frühling

Fleißige Hasen

Herz an Herz

Blütenrausch

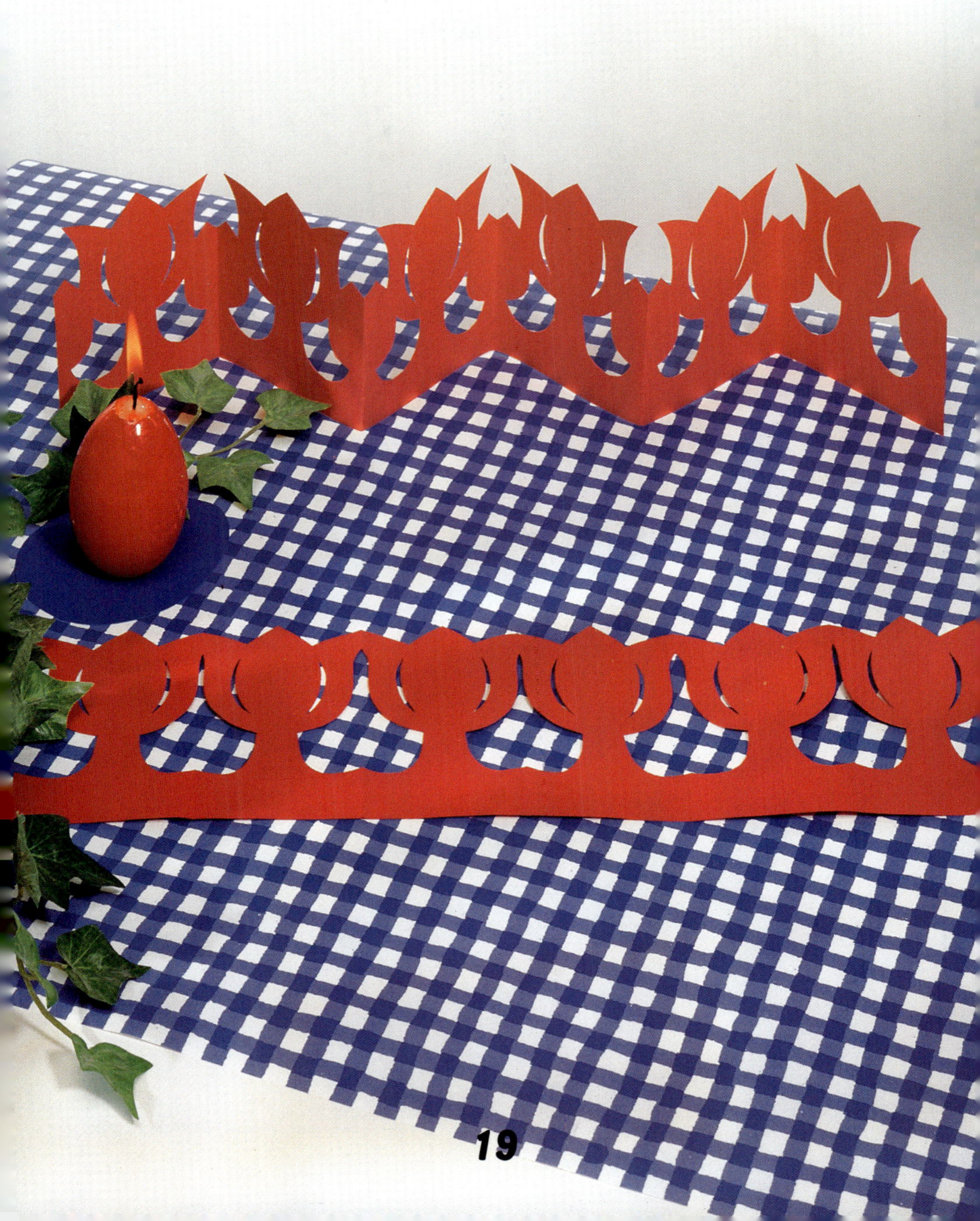

Besuch bei den Gänsen

Blau-weiße Tulpen

Tulpenwiese

Frisch geschlüpft

Im Entenmarsch

Hasenreigen

Blumenbänder

Enten-Polonaise

Brütende Gänse

Fröhliche Ostern

Hasenbänder

Von Armin Täubner sind im frechverlag noch viele weitere Titel erschienen. Zum Beispiel:

TOPP 2276

TOPP 2275

TOPP 2257

TOPP 2255

TOPP 5009

TOPP 2127